U0099676

小小夢想家
貼紙遊戲書
太空人

新雅文化事業有限公司
www.sunya.com.hk

小小夢想家貼紙遊戲書

太空人

編　　寫：新雅編輯室

插　　圖：李成宇

責任編輯：劉慧燕

美術設計：李成宇

出　　版：新雅文化事業有限公司

　　　　　香港英皇道 499 號北角工業大廈 18 樓

　　　　　電話：(852) 2138 7998

　　　　　傳真：(852) 2597 4003

　　　　　網址：http://www.sunya.com.hk

　　　　　電郵：marketing@sunya.com.hk

發　　行：香港聯合書刊物流有限公司

　　　　　香港荃灣德士古道 220-248 號荃灣工業中心 16 樓

　　　　　電話：(852) 2150 2100

　　　　　傳真：(852) 2407 3062

　　　　　電郵：info@suplogistics.com.hk

印　　刷：中華商務彩色印刷有限公司

　　　　　香港新界大埔汀麗路 36 號

版　　次：二〇一五年四月初版

　　　　　二〇二四年一月第五次印刷

ISBN: 978-962-08-6278-6

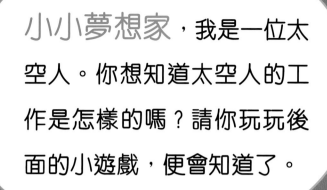

小小夢想家，我是一位太空人。你想知道太空人的工作是怎樣的嗎？請你玩玩後面的小遊戲，便會知道了。

太空人小檔案

工作地點：太空船、太空站

主要職責：駕駛太空船，或在太空進行研究、探索工作

性格特點：冷靜、果斷、富冒險精神

太空中心控制室

做得好！

太空人正在帶領我們參觀太空中心內的控制室，這裏是控制火箭、穿梭機等升空的地方。請從貼紙頁中選出貼紙貼在下面適當位置。

太空人的訓練

太空人需要接受很多不同訓練，為執行太空任務作準備。以下哪些是他們要接受的訓練？請在正確的 ⃝ 內貼上 貼紙。

1.

跳傘訓練

2.

無重狀態訓練

3.

野外求生訓練

4.

繪畫訓練 ◯

5.

體能訓練 ◯

6.

儀器操作訓練 ◯

太空人要接受不同的求生訓練,以應付太空任務可能出現的各種緊急情況。

太空英文詞彙

太空人需要具備良好的語言能力,方便溝通。小朋友,你能在下面的字格裏找出左邊五個英文詞彙嗎?請把它們圈起來吧。

做得好!

小提示:
答案可以是橫排或直排。

astronaut

rocket

earth

alien

planet

d	a	p	l	a	n	e	t	e
p	u	t	e	a	r	t	h	u
f	e	r	y	l	x	c	h	n
g	l	o	n	i	u	s	t	j
n	i	c	e	e	v	t	y	e
e	r	k	a	n	t	h	b	u
a	s	e	e	h	e	l	l	o
a	s	t	r	o	n	a	u	t
r	o	e	k	c	t	a	b	e

太空衣

　　太空人需要穿着太空衣才能在太空中活動。太空衣由很多不同部分組成，看看下面的介紹，把剩下的三段介紹文字連到相應的位置吧！

做得好！

太空衣還可以幫助太空人保持體溫和平衡壓力呢！

染色面罩能反射輻射。

氧氣缸給太空人供應氧氣。

頭盔內設有通話器和氧氣口。

太空衣下設有尿液收集器。

太空衣外層能把輻射反射開去。

探索宇宙的設備

有很多在太空使用的設備能幫助我們探索宇宙。
小朋友，看看下面的介紹，請把相應的設備貼紙貼在
正確的影子上。

太空探測器
用於探測地球以外的
天體和星際空間的無
人太空飛行器。

太空站
在太空運行，可以作為太空人在太空
長時間停留和工作的場所。

太空望遠鏡
設於太空中的望遠鏡，能
不受大氣層的干擾，得到
更精確的天文資料。

機動車
機動和越野性能很高，能在凹凸不平
的行星表面上行走，執行偵測任務。

穿梭機升空！

穿梭機準備升空了！小朋友，請根據圓點數量，在　　內貼上相應的數字貼紙，和太空人一起倒數升空吧！

10 ●●●●● ●●●●●

●●●●● ●●●●

●●●●● ●●●●

●●●● ●●●

●●● ●●●

●●●●●

●●●●

●●●

●●

1 ●

發射！

太空世界

　　太空究竟是怎樣的呢？那裏除了有不同的星體，還可能住着各種各樣的外星生物。請發揮你的想像力，從貼紙頁中選出貼紙貼在下圖上。

駕駛穿梭機

太空人要跟着預定的路線駕駛穿梭機,執行任務。
小朋友,請你依照左邊的示範圖,在右邊的黑點上畫
出相同的圖案,幫助穿梭機走正確的路線吧!

做得好!

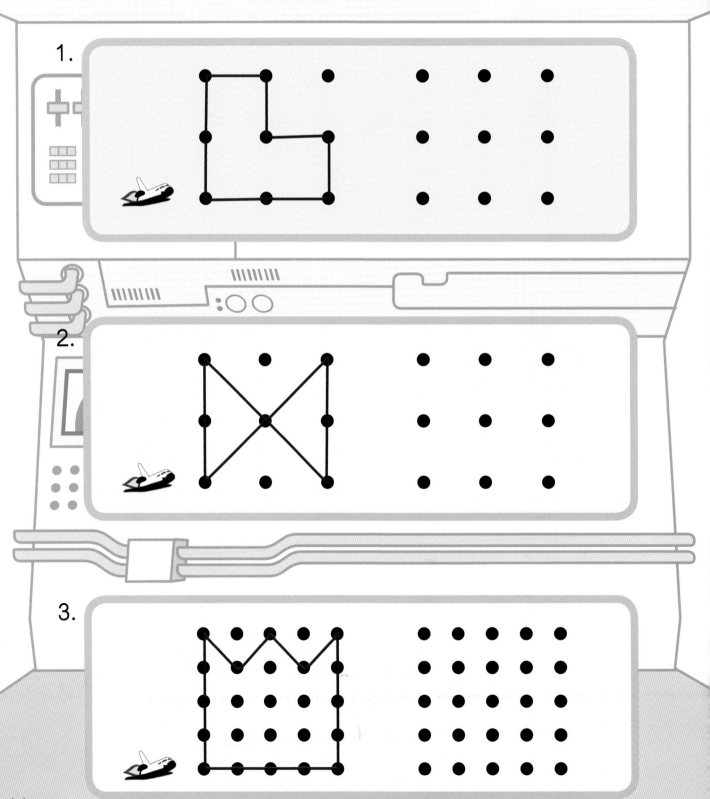

1.

2.

3.

14

認識太陽系

小朋友,太陽系中各行星與太陽相隔的距離各有不同。請根據它們與太陽之間的距離遠近,分辨不同行星,把行星名稱的代表字母填在 ☐ 內。

A. 海王星　　B. 地球　　C. 水星　　D. 木星

太陽

1. ☐

金星

2. ☐

火星

3. ☐

天王星

4. ☐

土星

太陽系中的行星是指不會自己發光,但會不斷圍繞太陽運行的星體。

外星生物找不同

太空如果有外星生物，他們究竟會是什麼樣子的呢？下面各題中有一隻外星生物跟另外兩隻不相同，請把他的代表字母圈起來。

1.

A.　　　　B.　　　　C.

2.

A.　　　　B.　　　　C.

3.

A.　　　　B.　　　　C.

外星飛船

外星生物想要回到他們的飛船上。請完成下面的「畫鬼腳」遊戲,看看哪一艘飛船是屬於他們的,把外星生物的代表字母填在 ◯ 內。

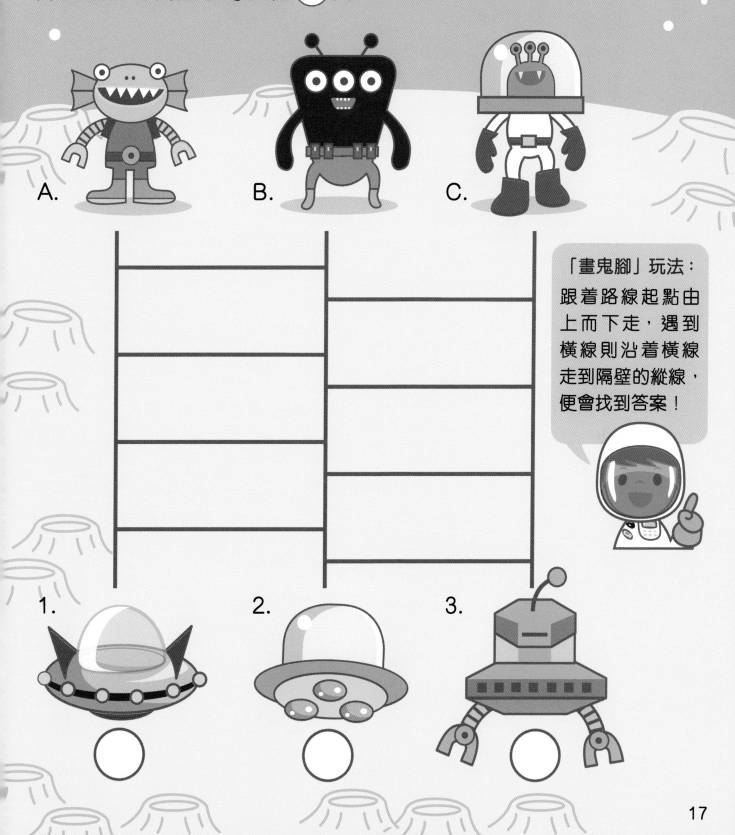

「畫鬼腳」玩法:
跟着路線起點由上而下走,遇到橫線則沿着橫線走到隔壁的縱線,便會找到答案!

人造衞星

　　太空中有不少人造衞星，它們有很多不同的功能，對我們的日常生活有很大影響。下面哪些是人造衞星的功能？請在正確的 ☐ 內貼上 🛰 貼紙。

1.

交通工具導航 ☐

2.

通訊 ☐

3.

電視廣播 ☐

4.

預測天氣 ☐

人造衞星由人們用運載火箭或太空穿梭機等發射到太空後，便會像天然衞星一樣環繞地球或其他行星運行。

返回地球

穿梭機要返回地球了！小朋友，請你把下圖中所有星星圖案填上顏色，讓它們引領穿梭機回到地球吧！

登陸月球遊戲棋

小朋友，我們一起來玩這個登陸月球遊戲棋吧！

遊戲玩法：

1. 先準備一顆骰子和幾枚棋子（可用小紐扣等），把棋子放在「火箭升空！」。
2. 由年紀最小的參加者開始遊戲，各人輪流擲骰，根據骰子的點數前進。
3. 當到達有特別指示的格子時，參加者需按指示做。
4. 最快到達「登陸月球！」的便勝出！

5

6

電腦故障，
後退1格。

7

4

8

3

火箭補充燃料，
前進 3 格。

找到捷徑，9
可穿越小行
星帶，前進
至第 12 格。

2

10

1

11

引擎故障，
後退1格。

12   1

火箭
升空！

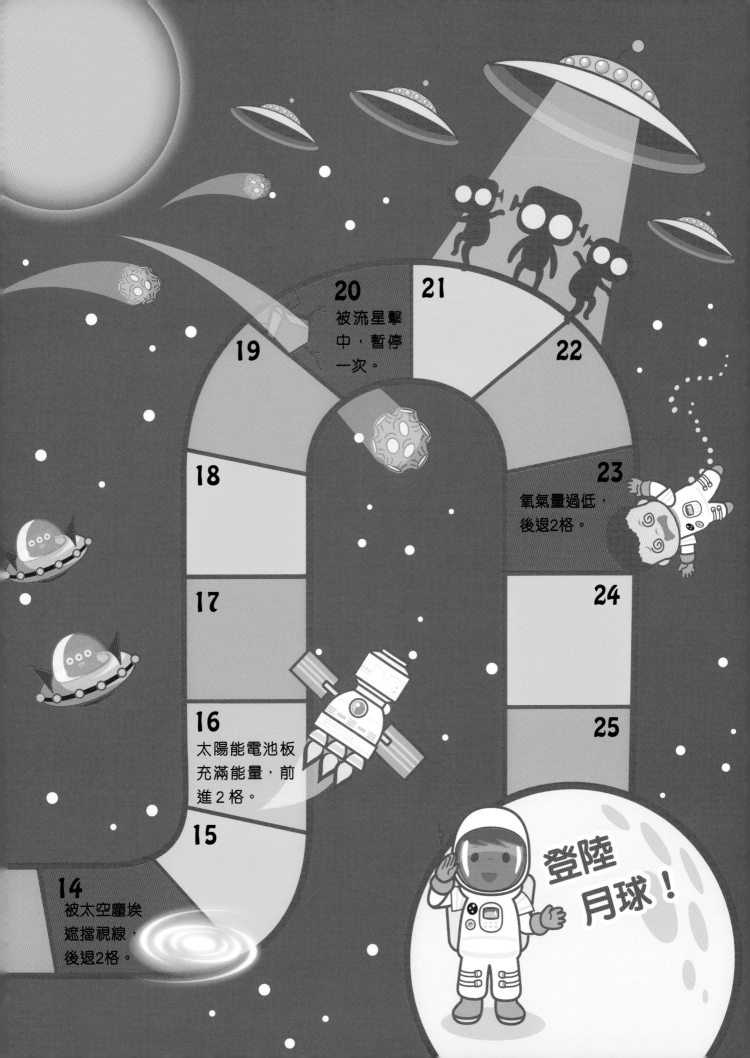

參考答案

P.6 - P.7
1, 2, 3, 5, 6

P.8
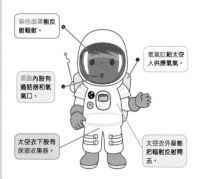

P.9
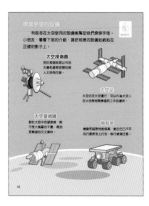

P.10

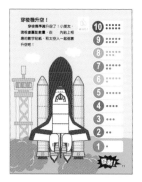

P.11

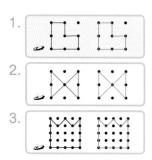

P.14

1.
2.
3.

P.15
1. C 2. B 3. D 4. A

P.16
1. A 2. C 3. B

P.17
1. B 2. C 3. A

P.18
1, 2, 3, 4

P.19

Certificate

恭喜你！

_____（姓名）完成了

小小夢想家貼紙遊戲書：

太空人

如果你長大以後也想當太空人，

就要繼續努力學習啊！

祝你夢想成真！

家長簽署：_____

頒發日期：_____